www.ingramcontent.com/pod-product-compliance
Lightning Source LLC
Chambersburg PA
CBHW030713220526
45463CB00005B/2023
* 9 7 8 1 7 0 7 7 8 9 7 1 9 *